节气歌

春雨惊春清谷天，
夏满芒夏暑相连，
秋处露秋寒霜降，
冬雪雪冬小大寒。
上半年逢六、廿一，
下半年逢八、廿三，
每月两节不变更，
最多相差一两天。

讲给孩子的
二十四节气
春

刘兴诗 / 文　　段张取艺 / 绘

长江出版传媒

长江少年儿童出版社

鄂新登字 04 号

图书在版编目（ＣＩＰ）数据

讲给孩子的二十四节气 . 春 / 刘兴诗著；段张取艺绘 . — 武汉 : 长江少年儿童出版社 , 2018.6

ISBN 978-7-5560-8161-5

Ⅰ . ①讲… Ⅱ . ①刘… ②段… Ⅲ . ①二十四节气—儿童读物 Ⅳ . ① P462-49

中国版本图书馆 CIP 数据核字 (2018) 第 066629 号

讲给孩子的二十四节气·春

刘兴诗 / 文　段张取艺 / 绘

出品人：李旭东

策划：周祥雄 柯尊文 胡星　责任编辑：胡星 熊利辉 陈晓蔓

美术设计：程竞存　插图绘制：段张取艺 冯茜 周祺翱

合唱：微光室内合唱团　童声歌曲：钟锦怡　童声朗读：刘浩宇 李辰阳 马忆晨 张若夕 王雨涵 王熙睿　指导老师：熊良华

唱诗：彭琬晴 胡筱堂 陈卿文 胡子心 童玉洁 胡明心 周烨赫 胡菀儿 杨憬恒 张漾文 张珈齐 赵商羽 史天承 陈霁帧 邓欣怡

念白：卢思羽 周思行 牛璟禾 马荧泽 夏羑若 熊紫馨 李翰思 刘希妍 黄馨冉 肖以熙 彭雯熙

唱诗作曲：彭甜 王佳骏 李斯坦 吴侯昱

古琴：江子岸　钢琴：杜亦秋

指导老师：彭甜 刘秀丽 周蕊 林晓荣 唐夏红 王海琴

出版发行：长江少年儿童出版社

网址：www.cjcpg.com　邮箱：cjcpg_cp@163.com

印刷：湖北恒泰印务有限公司　经销：新华书店湖北发行所

开本：16 开　印张：3　规格：889 毫米 ×1194 毫米　印数：32001-35000 册

印次：2018 年 6 月第 1 版，2022 年 8 月第 6 次印刷　书号：ISBN 978-7-5560-8161-5

定价：30.00 元

立春

春来了，春来了，春姑娘悄悄回来了。这时候还有一些寒气，可是大地春回，谁也拦不住，春天的脚步已经一步步走近……

过年了，过年了，热热闹闹的春节到了。这时候家家户户打年货，除旧尘，一派欢乐祥和的景象……

关于立春

立春是"正月节"，农历二十四节气中的第一个节气。此时太阳运行到黄经315°。时间点在2月3日至5日。"立"是"开始"的意思，立春就是"三春"中的孟春时节开始的时候。所谓"一年之计在于春"，春代表着温暖、生长和耕耘。自古以来，"立春"就是中国重要的传统节日，民间有"咬春"的习俗。

『 立春三候 』

初候　东风解冻

东风送暖，大地开始解冻。不过，冬天的寒冷并没有结束，冰雪还需要一段时间慢慢消融。

二候　蛰虫始振

大地回暖，藏在地下的冬眠动物开始苏醒，有了动的迹象。

三候　鱼陟负冰

池塘的冰开始融化，鱼儿感受到暖意，欢快地游到水面，而此时水面有许多碎冰，如同被鱼儿负着。

立春时节到底是什么样子？

你看，桃花将要开了，芦芽儿快冒出来了，河水暖和了，一群群鸭子吱吱嘎嘎游在水面……这是一幅多么欢乐的景象。

话说到这里，没准儿孩子们会问：我们最喜欢的春节就是立春这一天吗？

不，立春是二十四节气之一。孩子们盼望的春节就在立春前后的几天啦。

王安石所作的一首诗，把元旦（古时农历新年被称为元旦）这一天的高兴劲儿描述得清清楚楚。

元日

爆竹声中一岁除，春风送暖入屠苏。

千门万户瞳瞳日，总把新桃换旧符。

一阵阵鞭炮声中，人们送去旧的一年，迎着暖暖的春风，喝一杯屠苏酒。阳光映照着千家万户，人们高高兴兴地在大门上贴起新的门神像。这是一幅多么祥和的景象。

一候　迎春

二候　樱桃

三候　望春

● 农业生产活动

春天来了，春耕开始了。

北方顶凌耙地，送粪积肥，摩拳擦掌准备春耕。

南方紧抓"冷尾暖头"，及时地耕地播种。

不过可得注意，立春仅仅是春天的前奏，还不算真正的春天。春暖花开的日子，还得耐心等待。

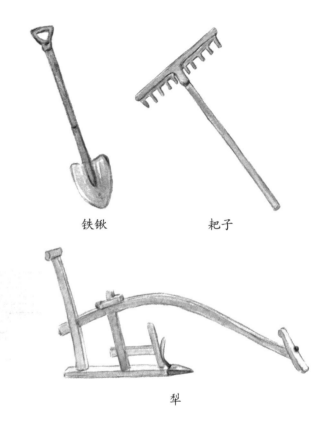

铁锹　　　　　耙子

犁

谚语

· 一年之计在于春，一天之计在于晨。

· 早春孩儿面，一天两三变。

· 立春雨水到，早起晚睡觉。

· 立春春打六九头，春播备耕早动手。

传统习俗

过春节

　　春节是人人盼望的重大喜庆节日，也是中华民族最隆重的传统佳节。这时候，大家回到家里与亲人团聚，家家户户贴春联，送春娃，搭燕子窝，互相串门拜春，表达对新年的美好祝福。孩子们可以放鞭炮、收压岁钱，可开心啦。

鞭打春牛

　　立春又叫"打春"，就是打春牛。因为整整一个冬天，耕牛没有下田，变得懒了，于是农民伯伯得用鞭子抽它一顿，让它老老实实进行春耕。春耕就是春天开始的象征，这个仪式多么有趣呀！

咬春

　　在我国民间，立春日吃春饼，被称为"咬春"，这个风俗非常古老。早在晋朝，我国民间就有一种"春盘"，人们把春饼和菜放在一个盘子里吃。现在，在立春这一天，全国各地除了吃春饼，还会吃春卷、水饺、汤圆、年糕，传承着"咬春"的习俗。

节气故事会

『春饼的故事』

1. 传说，宋朝书生陈皓在书房专心读书，妻子阿玉把饭菜端到他的书桌上，他却常常忘记吃，说读书比吃饭重要。

2. "人是铁，饭是钢"，不吃饭可不成呀！阿玉急坏了，怎么才能让他好好吃饭呢？

3. 她想了又想，终于想出一个好办法：他嫌吃饭麻烦，就做饼子给他吃吧。于是阿玉做出又好吃又耐饿的春饼。

4. 春饼是饭，也是菜。陈皓边读书边吃春饼，一点儿也不觉得麻烦。他餐餐都吃得香，读书的劲头更大了。

春渐渐深了，雨水越来越多了。打开窗户看，外面的雨水淅淅沥沥下个不停。远远近近的风景，好像都隔着一层毛玻璃。

奶奶说，一场春雨一场暖。快脱下冬天的厚衣服，换上春天的薄衣衫吧。

雨水

关于雨水

　　雨水是"正月中"，农历二十四节气中的第二个节气。此时太阳运行到黄经330°。时间点在2月18日至20日，也就是正月十五元宵节前后。雨水和谷雨、小雪、大雪一样，是反映降水现象的节气，雨量逐渐增多，意味着进入气象意义的春天。雨水节气来临，气温回升，冰雪融化，降水开始增多，万物开始萌动，由冬末的寒冷向初春的温暖过渡。

『雨水三候』

初候　獭祭鱼

　　这时候水獭开始捕鱼了，它们会把捕捉到的鱼排列在岸边展示，好像要祭拜一番后再享用。

二候　候雁北

　　天气回暖，成排的大雁开始从南方飞回北方，它们随着天地冷暖的变化而往来，以适应气候。

三候　草木萌动

　　在"润物细无声"的春雨中，草木开始抽出嫩芽，大地渐渐呈现出一派欣欣向荣的景象。

雨水时节到底是什么样子？

春来了，原野上的小草首先报告了春天的消息。

唐代诗人白居易所作的诗"离离原上草，一岁一枯荣。野火烧不尽，春风吹又生"，非常生动地描述了这个景象。

春风啊，春风，就是在这个时节，吹醒了广阔的原野。到了雨水，真正的春天才开始。湿漉漉的春风吹起，雨水一天天增多。

这时候的雨水到底什么样？请听杜甫的描述吧。

春夜喜雨

好雨知时节，当春乃发生。

随风潜入夜，润物细无声。

野径云俱黑，江船火独明。

晓看红湿处，花重锦官城。

杜甫说，这时候的雨似乎有灵性，是知道时节的"好雨"。这样的"好雨"过去，满城的花都开放了。它不仅滋润了花草，也滋润着田野里的庄稼，影响着人们的生活。

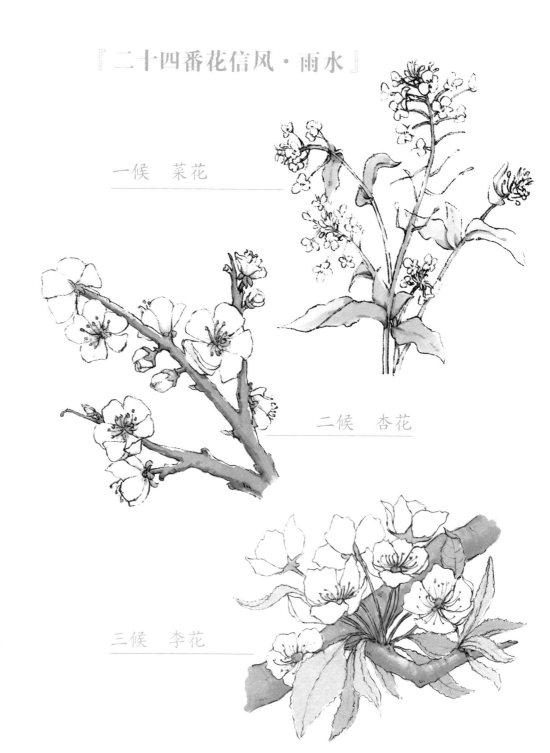

一候　菜花

二候　杏花

三候　李花

农业生产活动

农民伯伯说：雨水春雨贵如油，可别让它白白流。

雨水时节，冬小麦、油菜普遍返青，开始恢复生长，需要充足的水分，所以抓紧时间进行农事活动非常重要。每次下雨以后，要紧跟着中耕除草。如果早春缺乏雨水，及时灌溉很有作用。

这时候，也是果树嫁接的最佳时机。

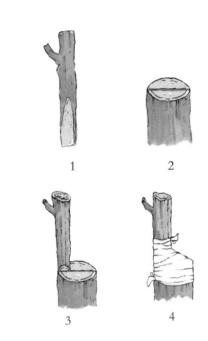

1   2

3   4

果树嫁接过程：

1. 削好要嫁接的穗；

2. 在砧木上切开适当大小的口子；

3. 将削好的接穗插入砧木切口中；

4. 接好后，用宽0.5厘米的塑料带将接口绑扎，并涂上接蜡，以防干燥。

谚语

· 一场春雨一场暖，一场秋雨一场寒。

· 雨水有雨庄稼好，大春小春一片宝。

· 雨水无雨天要旱，清明无雨多吃面。

传统习俗

元宵节

　　我国传统节日元宵节与雨水节气时间接近。这一天，人们点起彩灯，喜猜灯谜，舞狮子，吃元宵，共庆佳节。过完元宵，才算真正过完年，新的一年开始了。

回娘家

　　雨水节气这一天，女婿要去给岳父岳母送节，送节的礼物通常是两把藤椅，上面缠一段红绸。这被称为"接寿"，意思是祝岳父岳母长命百岁。送节的另一个典型礼物是"罐罐肉"，用来表示女婿对岳父岳母的感谢和敬意。

拉保保

　　从前，在雨水这一天，有些地方有一个习惯：大人会给孩子找干爹，借助干爹的福气，保佑孩子健康成长。这就是人们说的"拉保保"。现在人们通过拉保保的方式联络感情，互相帮助，共同关心下一代成长。

节气故事会

1. 正月二十是天穿节，正好在雨水节气前后，传说是女娲补天的日子。女娲的功劳不仅仅是造人，还有补天。

2. 据说，古时候水神共工和火神祝融打仗。共工被打败了，气得一脑袋朝支撑天空的柱子撞去。一根柱子被撞倒了，天宫坍塌了一块，大地都朝东南方向倾斜。

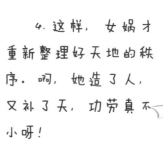

3. 这场祸事使得天地完全乱了套。女娲连忙炼了五色石补天，又用芦苇烧的灰堵塞住洪水。她还取了一只大乌龟的四只脚，把它们当成柱子竖立在四方，用以支撑天空。

4. 这样，女娲才重新整理好天地的秩序。啊，她造了人，又补了天，功劳真不小呀！

惊蛰

轰隆隆，春雷响了，一天天暖和了。

藏在泥土里冬眠的动物，睡了长长一觉。现在，它们一个个睁开了眼睛，开始钻出来活动啦。

关于惊蛰

惊蛰是"二月节",农历二十四节气中的第三个节气,标志着"三春"中的仲春时节的开始。此时太阳运行到黄经345°。时间点在3月5日至6日。"惊蛰"即春雷惊醒蛰居的动物,是反映物候现象的节气,正所谓"春雷响,万物长"。我国劳动人民历来很重视惊蛰节气,把它视为春耕开始的日子,此时中国大部分地区进入春耕季节。古人在这一天祭拜"雷公",以祈求"雷公"保佑平安。

『惊蛰三候』

初候 桃始华

桃花有许多种类,花瓣颜色也各不相同。这时候,艳丽的桃花盛开,装饰着山间田野,犹如一幅充满诗意的画卷。

二候 仓庚鸣

仓庚就是黄鹂。它很早就感受到春天的气息,出现在乡村田间,到处唱歌了。

三候 鹰化为鸠

在大自然活跃了一段时间的老鹰,此时已经躲起来繁殖后代,别的鸟儿多了起来,似乎老鹰就显得少了。

惊蛰时节是什么样子？请看东晋诗人陶渊明的诗。

拟古·仲春遘时雨（节选）

仲春遘时雨，始雷发东隅。

众蛰各潜骇，草木纵横舒。

翩翩新来燕，双双入我庐。

先巢故尚在，相将还旧居。

你看，仲春时节一场雨，响起一声春雷。许许多多冬眠的动物都醒了，草木也尽情生长。一双燕子飞回来，一直飞进从前的窝。

这就是春天，这就是燕子归来的时候，这就是仲春时节的风光。这时候，还有什么场景？

你看，一阵小雨过去，似乎给花儿一次洗礼。一声春雷响，表示惊蛰节气开始了。

你看，强壮的劳动力都在田野里忙活，把每一块田地都料理得非常完美。这就是这个时节的最好解释。

这时候，虫排的卵开始孵化了，悄悄爬出来蠕动。

这时候，桃花红了，梨花白了，黄莺在小树林里唱歌。

一候　桃花

二候　棣棠

三候　蔷薇

农业生产活动

　　雨水过了，进入惊蛰节气，气温上升了，雨水却很少。这个时节适合播种一些农作物，是春耕的最佳时机。

　　这时候，小麦已经返青了。因为这个阶段的雨水较少，所以要及时给农作物浇水。油菜等农作物开花前，要好好施肥。茶树应该及时修剪，也要追加"催芽肥"。

农民播种、施肥

谚语

・雨水早，春分迟，惊蛰育苗正适时。

・惊蛰不犁地，好像蒸笼跑了气。

・惊蛰点瓜，不开空花。

传统习俗

剃龙头

人们说："二月二，剃龙头。"惊蛰时节常常与农历二月二重合。人们说这一天是主管云雨的龙抬头的日子，在这一天理发，会使人鸿运当头，福星高照，所以这一天理发店的生意会比往常红火。

吃梨子

惊蛰时节，天气乍暖还寒，气候比较干燥，容易使人口干舌燥，引发咳嗽。这时候吃梨，可以止咳降燥，缓解天气引起的不适，还可以增强体质，抵御病菌的侵袭。

打小人

每年惊蛰这一天，我国很多地方会出现一个有趣的场景：妇人一边用木拖鞋拍打纸公仔，一边口中念念有词，如"打你个小人头，打到你有气无得透"之类的打小人咒语，以此驱赶霉运。

节气故事会

1. 传说周文王有九十九个孩子，差一个就有一百了。

2. 有一次，他带众人到外面办事，途中遭遇大雨。天空中忽然响起一阵恐怖的雷声，把旁边的山都震塌了。周文王说："雷过生光，将星出现。你们快去把在雷雨中出生的将星找来。"

3. 大家找来找去，发现古墓旁有一个孩子。他的相貌非常奇怪：人身子，鸟嘴巴，背上长着两个大翅膀。周文王高兴地说："这就是我的第一百个儿子了。"因为这孩子是在雷雨中诞生的，所以被称为雷震子。

4. 雷震子一天天长大，武艺高强，帮助他的哥哥周武王讨伐商朝暴君商纣王。他还特别喜欢音乐，身边放着许多牛皮鼓。后来每到惊蛰这一天，人们就打鼓，宣告一个新的节气到来。

前一天，白天比夜晚短一些；后一天，白天比夜晚长一些。

这一天，白天和夜晚一样长；这一天，太阳几乎直射赤道，全球各地几乎昼夜等长。

春分

● 关于春分

春分是"二月中"，农历二十四节气中的第四个节气。此时太阳运行到黄经0°，时间点在3月19日至22日，处在"三春"的仲春时节。这一天，太阳笔直照射着地球赤道，把光线和热量平分给南、北半球，所以南、北两个半球的昼夜等长。过了这一天，太阳直射的位置就一天天向北移动，北半球各地开始昼长夜短。春分时节，我国大部分地区都进入了明媚的春天，杨柳青青，莺飞草长，小麦拔节，油菜花香。

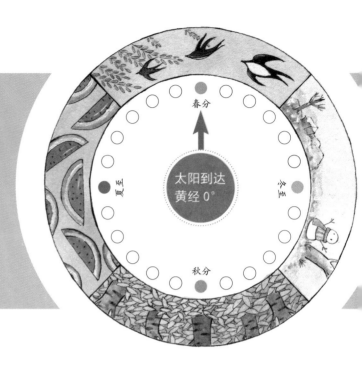

「春分三候」

初候　玄鸟至

玄鸟就是燕子，春分来，秋分去。春暖花开的春分时节，燕子从南方飞回了北方，忙着在屋檐下筑巢。

二候　雷乃发声

古人说，雷是春天阳气生发的声音，阳气在奋力冲破阴气的阻力，隆隆有声，所以下雨天会出现雷声。

三候　始电

这时候的下雨天，天空打雷时会出现闪电。平时我们先看到闪电，后听见雷声。其实闪电和雷声是同时产生的，只是光的传播速度比声音的快。

　　春分时节正是春光明媚、百花争艳的时节。你看，门梁上栖息着一双双燕子，常春藤开始往墙上爬，青苔悄悄铺满地面。

　　这就是美丽而难忘的春分时光。

　　杜甫的"穿花蛱蝶深深见，点水蜻蜓款款飞"，朱熹的"等闲识得东风面，万紫千红总是春"，都是对这个时节的描述。

　　暖洋洋的春天，总是叫人懒洋洋的，人们有做不完的美梦、打不尽的瞌睡。孟浩然的一首诗就是对这一时节最好的描述。

春晓

春眠不觉晓，处处闻啼鸟。
夜来风雨声，花落知多少。

　　喂，你也有打不完的瞌睡，惺惺忪忪睁不开眼睛吗？快快起床，跑出去沐浴一下温暖的春风，看看花、看看鸟吧。没准儿你也会有写诗的冲动，会和古人写得一样好呢。

一候　海棠

二候　梨花

三候　木兰

农业生产活动

春分时节，春季已经悄悄过去了一半。从这一天起，北半球的天气越来越暖和，农作物生长迅速，小麦已经拔节，需要进一步管理，有"麦过春分昼夜忙"的说法。

这时候，油菜开花了，田野里一片黄灿灿的，简直就是一个无边无垠的大花园。这时候要做好早稻育秧工作。一首有关春分农事的歌谣唱道："春分风多雨水少，土地解冻起春潮。稻田平整早翻晒，冬麦返青把水浇。"

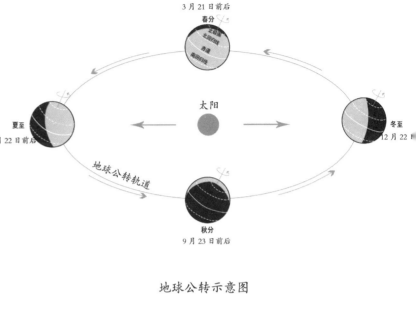

地球公转示意图

谚语

· 吃了春分饭，一天长一线。
· 不过春分不暖，不过夏至不热。
· 春分麦起身，一刻值千金。
· 春分瓜，清明麻。

传统习俗

"春分到，蛋儿俏。"春分成了玩竖蛋游戏的最佳时光。人们为什么在这一天玩竖蛋游戏？有人说，因为这一天地轴与地球绕太阳公转的轨道平面处于一种力的相对平衡状态，有利于竖蛋。其实更重要的是，鸡蛋的表面高低不平，有许多突起的"小山"。三个"小山"接触平面就会构成一个支撑鸡蛋的"三脚架"，当鸡蛋的重心落在这个"三脚架"里时，鸡蛋就能竖起来。

小窍门：选择一个光滑匀称、生下四五天的新鲜鸡蛋；让鸡蛋大头朝下，集中注意力，轻轻地把它竖在桌子上。如果一次不成功，请耐心多试几次哦！

放风筝

春分期间，风和日丽，是放风筝的好时候。尤其春分当天，不管男女老少，大家一起出去放风筝，把春分当成一个欢乐的节日。

简易风筝的制作方法：首先把细棍（或竹子）搭建成风筝的轮廓，用线把细棍连接处绑牢；然后为风筝贴上封面，给风筝做三条尾巴；最后为风筝绑线和试飞。

● 节气故事会

〖赶春分和神农尝百草〗

1. 每年春分节气的前后三天，四面八方的药材客商都要赶到湖南东南部山区的安仁县从事贸易活动。这成为当地的传统节日，叫作"赶春分"。

2. 这儿非常偏僻，到处都是高山密林，经常有猛兽毒蛇出没。为什么大家偏偏要到这个地方来呢？为什么不选别的日子，偏要"赶春分"？传说，这和神农氏尝百草有关系。

3. 古时候，这里常常发生瘟疫，死人无数。善良的神农氏一心要解除群众的灾难，就到这里来寻找治病的药物，不小心染上了瘟疫。一天，神农氏瞧见几棵不知名的植物在随风摇晃，就扯了几片叶子放进嘴里咀嚼，不久病就好了。后来他在这里尝尽百草，终于发现许多有用的草药，消除了这里的瘟疫。

4. 可惜他后来在春分这一天误尝断肠草，献出了宝贵的生命。人们为了纪念他，就把每年的春分定为他的祭祀日，天南海北的药材商都赶到这里聚会，开展规模宏大的药材交易会。

天清清，地亮亮。清明来了，清明来了，出去春游最好。

清明有一些雨水，正好种树、种庄稼。

这时候，要给祖先和革命烈士扫墓，可别忘记了哦。

关于清明

清明是"三月节"，农历二十四节气中的第五个节气。此时太阳运行到黄经15°。时间点在4月4日至6日。清明节气是"三春"中的季春时节开始的时候。清明有天清地明之意，是春耕春种的大好时节。所以清明对于农业生产而言是一个重要的节气，因此有"清明前后，种瓜点豆"之说。清明不仅是节气，也是中华民族传统节日，是中国人祭祀祖先、缅怀先人的日子。

『清明三候』

初候 桐始华

清明时节桐花开。桐花是清明"节气"之花，是自然时序的物候标记。它的开放，标志着绚烂的春季景色达到极致。

二候 田鼠化为鴽

习惯生活在阴暗环境下的田鼠，感受到春的暖意，尝试着从洞中钻出来，但是因不适应强烈的阳光而纷纷爬回洞中。此时小鸟多了，古人误以为田鼠出洞后变成了小鸟。

三候 虹始见

清明时节多雨，有了雨水的洗涤，加上雷电对粉尘的净化，美丽的彩虹会出现在雨后的天空中。

清明时节是什么样子？唐代诗人杜牧的一首诗描写得再好不过了。

清明

清明时节雨纷纷，路上行人欲断魂。

借问酒家何处有？牧童遥指杏花村。

自古以来，人们心目中的清明风光就是这样的。

天上雨纷纷，路上有行人。

山醉了，水醉了，人早就沉醉了。

清明，清明，这是一个酒不醉人人自醉的节气。

清明，清明，诗一样的节气。

唐代诗人韦应物也有一首有关清明节气的诗——《滁州西涧》："独怜幽草涧边生，上有黄鹂深树鸣。春潮带雨晚来急，野渡无人舟自横。"

你瞧，这个没有人的渡口，有深深的树木、深深的草，有唱歌的黄莺，有春雨。只不过雨有一些急促，不是杜牧瞧见的那么纷纷飞扬的样子。这就是这个时节的春雨，这就是浸泡着雨水的春天。

一候　桐花

二候　麦花

三候　柳花

● 农业生产活动

清明时节,我国大部分地区的日平均气温已经上升到12摄氏度以上,农民伯伯要抓紧时间种庄稼。民间谚语说:"不用问爹娘,清明好下秧。"不管北方还是南方,到处是一片春耕繁忙景象。

这时候,阳光好,春雨足,树苗长得快,是植树的好时光。中国自古以来就有植树的习惯,把这一天定为植树节(后来改为3月12日)。

西北地区的牧民要注意,牲口经过漫长的严冬,身体还不算太强壮。清明节前后经常出现强降温天气,牲口会受不了,牧民还得把它们照顾好。

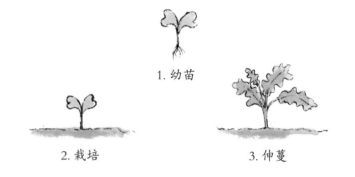

1. 幼苗

2. 栽培

3. 伸蔓

4. 开花

5. 结果

西瓜的生长过程

谚语

· 清明宜晴,谷雨宜雨。
· 二月清明你莫赶,三月清明你莫懒。
· 麦惊清明雨,稻惊白露风。

● 传统习俗

蹴鞠

　　"蹴鞠"就是踢皮球。这是古代清明节时人们喜爱的一项游戏，相传是黄帝发明的，最初目的是用来训练武士，后来发展成为足球运动。中国是足球最早诞生的国家。

踏青

　　清明时节，春回大地，自然界到处呈现一派生机勃勃的景象，正是郊游踏青的大好时光。中国民间长期保持着清明踏青的习惯。

祭祖扫墓

　　中华民族自古有尊敬祖先、纪念祖先的传统习俗。没有祖先，就没有我们。清明节前后，全家一起去给祖先扫墓祭拜，表达自己的孝道，以及对已故亲人的思念。这一天还别忘记了给为国牺牲的英雄烈士扫墓。

节气故事会

『寒食节的传说』

1. 清明节是我国最重要的祭祀节日之一，已有 2500 多年的历史。清明节是怎么来的？传说和寒食节有关。说起这个节日，就得说说山西省介休市绵山的故事。

2. 春秋时期，晋国有一个叫介子推的人。他跟随公子重耳逃亡国外，受尽了苦难。后来重耳回国做了国君，就是后来成为春秋五霸之一的晋文公。介子推离开了晋文公，和母亲隐居在绵山上。

3. 晋文公为了逼介子推出来做官，就放火烧山，以为他一定会背着母亲出来。想不到介子推并没有出来，而是和母亲紧紧抱在一起，被活活烧死在一棵大树下。

4. 晋文公十分悲伤，就下令在每年的清明这一天禁止生火，大家都吃冷食，由此形成了寒食节。同时他把这里改名为介休，以此纪念这个人格高尚的贤者。后来，寒食节逐渐演变为清明节。

雨水淅沥沥不停下，进入谷雨啦！

勤劳的布谷鸟飞来飞去不停鸣叫，提醒人们快种庄稼，这是播种的时候了。

这是百花开放的时节。鲜艳的百花中，最尊贵的是雍容华丽的牡丹花。

关于谷雨

谷雨是"三月中"，农历二十四节气的第六个节气，也是春季的最后一个节气。此时太阳运行到黄经30°。时间点在 4 月 19 日至 21 日。这时候还在"三春"的季春阶段。谷雨源自古人"雨生百谷"的说法。谷雨时节，寒潮天气基本结束，气温回暖加快，降雨增多，有利于谷类作物的生长，同时也是播种移苗、埯瓜点豆的最佳时节。这时，田里的农作物最需要雨水的滋润，所以说"春雨贵如油"。

谷雨三候

初候　萍始生

浮萍适于在温暖气候和潮湿环境下生长。谷雨降水持续增多，池塘水面的浮萍开始生长。

二候　鸣鸠拂其羽

勤劳的布谷鸟在田野上飞来飞去，不停地鸣叫，提醒农民伯伯快快种庄稼。

三候　戴胜降于桑

桑树上可以见到戴胜鸟了。戴胜鸟以虫类为食，喜欢在树上的洞里做窝。它的羽冠十分引人注目。

谷雨时节是什么样子？

这时候，天气越来越暖和，气温迅速上升，降雨越来越多。人们说："清明断雪，谷雨断霜。"放心吧，到了这个时候，讨厌的寒潮天气再也不会来捣乱了。

这已是暮春，春天很快要结束，夏天已经在敲门了。在谷雨这个节气里，北方地区的桃花、杏花开放了，杨花、柳絮随风到处飞扬，一片白蒙蒙的，装点着春天的大地。

在广阔的南方，春天是桃花的季节，也是鱼、鸟生长的季节。请看唐朝诗人张志和的词，把这时的景象描写得多么生动呀！

渔歌子

西塞山前白鹭飞，桃花流水鳜鱼肥。
青箬笠，绿蓑衣，斜风细雨不须归。

你看，白鹭在飞，桃花一片片落在流水里，让鳜鱼吃得饱饱的，一条条长得多么肥。戴着斗笠、披着蓑衣的渔夫，多么快乐啊！

一候　牡丹

二候　荼蘼

三候　楝花

农业生产活动

古人说："雨生百谷。"谷雨天气最主要的特点是雨水越来越多，真的是"春雨贵如油"，对庄稼生长再好不过了。这时候，北方的小麦正处在生长期，棉花等经济作物也开始种植了，所有这一切都需要雨水。

记住农民伯伯的话：栽培大春作物，一定要抓早。稻呀，麦呀，不用多说了，就拿种红薯来说吧。这个时候栽种的红薯，能在之后的干旱季节到来前迅速生长，增强抗旱的能力，稳稳获得高产。

1. 幼苗

2. 栽培

3. 茎叶成长

4. 薯块成熟

红薯的生长过程

谚语

· 谷雨前和后，种瓜又点豆。

· 过了谷雨，不怕风雨。

· 清明一尺笋，谷雨一丈竹。

传统习俗

走谷雨

我国自古以来有"走谷雨"的风俗。这一天，青年男女们都得走村串亲，哪怕到野外转一圈就回来也好。为什么？因为这样能和大自然相融合，增强身体素质呀。

喝谷雨茶

谷雨时节，南方的采茶姑娘们好像蝴蝶一样，忙着在茶园、茶山采新茶。谷雨时节采的茶叶叫作"二春茶"，又叫"谷雨茶"，有清火、明目的作用，还有一股香喷喷的气息。

祭海

谷雨不仅是农民的节日，也是渔民的特殊日子。在我国北方沿海一带，"祭海"的习俗已经延续了2000多年。这一天，人们兴高采烈地敲锣打鼓，抬着祭祀海神的供品，祈求海神保佑他们出海平安，打鱼丰收。谷雨时节，鱼群浮游到浅海地方，是下海捕鱼的好日子，所以有"骑着谷雨上网场"的说法。

节气故事会

『谷雨和曹州牡丹花仙』

1. 曹州（今山东菏泽）民间流传着一个美丽的爱情故事。传说从前黄河决堤，洪水淹没了曹州城。一个叫谷雨的青年在洪水里救下一棵牡丹，并把它交给一个叫赵老汉的栽花能手，栽到了百花园中。

2. 后来，牡丹花化作一个叫丹凤的美丽女子。她医好了谷雨母亲的重病，并且与谷雨情投意合。

3. 有一天，秃鹰和妖魔抢走了百花园中的丹凤和众花仙。谷雨为解救她们，惨死在乱剑之下。

4. 生在谷雨，死在谷雨，年轻的谷雨被埋葬在赵老汉的百花园里。从此，牡丹和众花仙都在曹州安了家，每逢谷雨时节，牡丹都会开放，表达她们对谷雨的怀念。

气游戏

春

（小兔子、乌龟、蝴蝶、蛇、鳄鱼、青蛙）

想象在春天里，你能找到藏起来的人和小动物吗？

春游

三部合唱

作词：李叔同
作曲：李叔同

春游

词曲：李叔同

春风吹面薄于纱，

春人装束淡于画。

游春人在画中行，

万花飞舞春人下。

梨花淡白菜花黄，

柳花委地芥花香。

莺啼陌上人归去，

花外疏钟送夕阳。

晒一晒你所关注到的春天